新課程　中学数学への準備演習

数研出版編集部 編

算数から数学へ

みなさんは小学校で算数の学習を終えて，これから中学で数学の学習を始めます。数学は算数の延長にあるため，算数の内容を復習しておくことがとても大切です。

この教材は，中学の数学を学習するときに特に重要である算数の内容を扱っています。

また，巻末では中学の数学で学ぶ「正の数と負の数」の簡単な予習のページがあります。

目　次

JN123085

1 整数の計算

学習日	得点
月　日	／100

★中学で学ぶ数学でも，算数で学んだ計算を使います。きまりを確認しながら整数の計算に取り組みましょう。

① 計算の順序

かけ算とわり算は，たし算やひき算より先に計算します。

ただし，かっこがついた式では，かっこの中を先に計算します。

例
$$24 \div 6 + 2 \times 7 = 4 + 14 \qquad\qquad 24 \div (6+2) \times 7 = 24 \div 8 \times 7$$
$$= 18 \qquad\qquad\qquad\qquad\qquad\qquad = 21$$

② 計算のきまり

かっこを使った式は，次のきまりによって計算することができます。

$$(■ + ▲) \times ○ = ■ \times ○ + ▲ \times ○ \qquad\qquad (■ - ▲) \times ○ = ■ \times ○ - ▲ \times ○$$

例
$$(25+9) \times 4 = 25 \times 4 + 9 \times 4 = 100 + 36 = 136$$
$$173 \times 48 - 73 \times 48 = (173 - 73) \times 48 = 100 \times 48 = 4800$$

---

1 次の計算をしなさい。(各3点)

(1) $38 + 27$

(2) $79 + 64$

(3) $47 + 56$

(4) $81 - 46$

(5) $103 - 64$

(6) $142 - 47$

2 次の計算をしなさい。(各4点)

(1) $74 + 63 - 48$

(2) $53 - 29 + 37$

(3) $146 + 84 - 29$

(4) $200 - 76 - 108$

(5) $325 - 179 + 84$

(6) $325 - (179 + 84)$

3 次の計算をしなさい。(各 4 点)

(1)　17×24　　　　　　(2)　29×12　　　　　　(3)　43×38

4 次の計算をしなさい。(各 4 点)

(1)　$377 \div 13$　　　　　　(2)　$1633 \div 23$　　　　　　(3)　$3726 \div 18$

5 次の計算をしなさい。(各 4 点)

(1)　$13 \times 7 + 9 \times 16$　　　　　　　　　(2)　$26 \times 14 - 98 \div 7$

(3)　$7 \times 9 + 3 \times 6 - 4 \times 5$　　　　　　(4)　$7 \times (9 + 3) \times (6 - 4) \times 5$

6 次の計算をしなさい。(各 6 点)

(1)　$(125 + 15) \times 8$　　　　(2)　$38 \times 4 - 13 \times 4$　　　　(3)　$43 \times 29 + 57 \times 29$

2 小数の計算

学習日	得点
月　日	／100

★小数の計算には独特のルールがありました。ルールにしたがって、小数の計算に取り組みましょう。

① たし算，ひき算

小数のたし算，ひき算の筆算は，小数点の位置をそろえて行います。

例

$$
\begin{array}{r}
41.3 \\
+\ \ 5.27 \\
\hline
46.57
\end{array}
\qquad
\begin{array}{r}
27 \\
+\ 1.34 \\
\hline
28.34
\end{array}
\qquad
\begin{array}{r}
51.07 \\
-\ \ 0.4 \\
\hline
50.67
\end{array}
$$

② かけ算

小数点をないものとして計算します。かけられる数とかける数の小数点の位置によって，結果の数の小数点の位置が決まることに注意しましょう。

例

$$
\begin{array}{r}
3.4 \\
\times\ 0.4\,7 \\
\hline
2\,3\,8 \\
1\,3\,6 \\
\hline
1.5\,9\,8
\end{array}
$$

← 34×47 と考えて計算する

← 小数点の位置に注意

③ わり算

わる数を整数になおすため，わる数とわられる数の小数点を同じけた数だけ移動させます。
商の小数点は，わられる数の移した小数点にそろえます。

例 $1.29 \div 1.5$ を計算する。

↓わる数を整数に

$12.9 \div 15$ を計算する。

$$
\begin{array}{r}
0.8\,6 \\
15\,\overline{)\,1\,2.9} \\
\underline{1\,2\,0} \\
9\,0 \\
\underline{9\,0} \\
0
\end{array}
$$

---

1 次の計算をしなさい。(各3点)

(1)
$$
\begin{array}{r}
17.3 \\
+\ \ 6.8 \\
\hline
\end{array}
$$

(2) $8.59+1.7$

(3) $5.04+24.98$

(4) $45.36+9.14$

(5) $27.9+4.28$

(6) $34.6+8.73$

2 次の計算をしなさい。(各3点)

(1)
$$
\begin{array}{r}
32.8 \\
-\ \ 5.4 \\
\hline
\end{array}
$$

(2) $9.41-2.6$

(3) $60.27-53.47$

(4) $15.3-7.68$

(5) $43.1-6.82$

(6) $10-1.38$

3 次の計算をしなさい。(各4点)

(1)
$$\begin{array}{r} 3.14 \\ \times \quad 9 \\ \hline \end{array}$$

(2) 7.2×13

(3) 4.7×6.8

(4) 0.83×5.6

(5) 5.09×0.73

(6) 1.48×3.75

4 次の計算をしなさい。(各4点)

(1)
$$13\,\overline{)\,32.11}$$

(2) $83.16 \div 27$

(3) $27.73 \div 5.9$

(4) $36.38 \div 3.4$

(5) $30.26 \div 0.89$

(6) $2.812 \div 3.8$

5 (1) 37.1 を 1.6 でわったときの商とあまりを答えなさい。ただし，商は整数とします。(8点)

(2) 8.04 を 2.3 でわったときの商とあまりを答えなさい。ただし，商は小数第1位までの小数とします。(8点)

商 _____ あまり _____   商 _____ あまり _____

3 分数の計算

★ 数学では分数を使う機会が増えてきます。算数で学んだ分数の計算を確実なものにしておきましょう。

① たし算，ひき算

分母を通分して計算します。
また，計算結果が約分できる場合には，約分した
ものを答えます。

例　$\dfrac{2}{5} + \dfrac{1}{3} = \dfrac{6}{15} + \dfrac{5}{15} = \dfrac{11}{15}$

$\dfrac{3}{8} - \dfrac{7}{24} = \dfrac{9}{24} - \dfrac{7}{24} = \dfrac{2}{24} = \dfrac{1}{12}$

② かけ算

右の 例 のように計算します。
計算のとちゅうで約分できることもあります。

例　$\dfrac{5}{18} \times \dfrac{8}{15} = \dfrac{\overset{1}{5} \times \overset{4}{8}}{\underset{9}{18} \times \underset{3}{15}} = \dfrac{4}{27}$

③ わり算

$\div \dfrac{\square}{\bigcirc}$ を $\times \dfrac{\bigcirc}{\square}$ になおして計算します。

例　$\dfrac{9}{20} \div \dfrac{6}{5} = \dfrac{9}{20} \times \dfrac{5}{6} = \dfrac{\overset{3}{9} \times \overset{1}{5}}{\underset{4}{20} \times \underset{2}{6}} = \dfrac{3}{8}$

---

1 次の計算をしなさい。(各3点)

(1) $\dfrac{2}{7} + \dfrac{3}{5}$

(2) $\dfrac{1}{6} + \dfrac{5}{8}$

(3) $\dfrac{11}{35} + \dfrac{2}{5}$

(4) $\dfrac{5}{12} + \dfrac{7}{18}$

2 次の計算をしなさい。(各3点)

(1) $\dfrac{5}{6} - \dfrac{2}{9}$

(2) $\dfrac{19}{24} - \dfrac{1}{6}$

(3) $\dfrac{13}{18} - \dfrac{5}{27}$

(4) $\dfrac{11}{14} - \dfrac{17}{49}$

3 次の計算をしなさい。(各4点)

(1) $\dfrac{2}{15} + \dfrac{1}{4} + \dfrac{5}{12}$

(2) $\dfrac{7}{9} + \dfrac{5}{24} - \dfrac{11}{18}$

4 次の計算をしなさい。(各5点)

(1) $\dfrac{7}{20} \times \dfrac{15}{28}$

(2) $\dfrac{49}{24} \times \dfrac{16}{35}$

(3) $\dfrac{25}{14} \times \dfrac{3}{10} \times \dfrac{35}{27}$

(4) $\dfrac{7}{11} \times \dfrac{22}{25} \times \dfrac{45}{42}$

5 次の計算をしなさい。(各6点)

(1) $\dfrac{39}{35} \div \dfrac{13}{7}$

(2) $\dfrac{49}{24} \div \dfrac{77}{18}$

(3) $\dfrac{49}{50} \times \dfrac{30}{77} \div \dfrac{21}{2}$

(4) $115 \div \dfrac{23}{52} \div 13$

6 次の計算をしなさい。(各6点)

(1) $\left(\dfrac{2}{5} + \dfrac{3}{7}\right) \times \dfrac{21}{58}$

(2) $\left(\dfrac{3}{5} + \dfrac{36}{25}\right) \div \left(3 - \dfrac{11}{15}\right)$

(3) $7 - \left(\dfrac{9}{5} - \dfrac{2}{3}\right) \times \dfrac{25}{34}$

(4) $\dfrac{2}{5} \div \dfrac{13}{9} + \dfrac{5}{7} \times \dfrac{9}{13}$

数のいろいろな問題

★整数 小数 分数を使ったいろいろな問題に取り組みましょう。

1 次の計算をしなさい。（各6点）

(1) $4.3 \times 6.2 + 4.3 \times 3.8$

(2) $17.4 \times \dfrac{3}{5} - 12.4 \times \dfrac{3}{5}$

(3) $\left(\dfrac{7}{15} + \dfrac{5}{12}\right) \times 60$

(4) $6 \times 6 \times 3.14 + 8 \times 3.14 \times 8$

2 次の計算をしなさい。（各6点）

(1) $\left(2 - \dfrac{7}{4}\right) - \left(\dfrac{3}{5} + \dfrac{3}{4} - \dfrac{1}{2}\right) \div \left(3 + \dfrac{2}{5}\right)$

(2) $\left(0.5 - \dfrac{1}{6}\right) \times 0.75 + \dfrac{1}{12} \div 0.25$

(3) $\left(\dfrac{5}{6} - \dfrac{1}{4}\right) \div 0.75 + (0.53 - 0.28) \times \left(1 - \dfrac{11}{27}\right)$

(4) $\left(\dfrac{3}{5} + \dfrac{5}{6}\right) \times 0.3 - \left(\dfrac{5}{8} - \dfrac{5}{12}\right) \div \left(\dfrac{1}{3} + \dfrac{1}{2}\right)$

3 次の数を大きい方から順に並べなさい。(各5点)

(1) $\dfrac{3}{5}$, 0.7, $\dfrac{2}{3}$

(2) $\dfrac{17}{33}$, 0.5, $\dfrac{50}{99}$

_____

4 次のような数を求めなさい。(各5点)

(1) 3.14 を 1000 倍した数

(2) 0.503 を $\dfrac{1}{100}$ 倍した数

_____

5 ある数に 4.2 をたした数を 5 倍して，そこから 28 をひくと 32 になりました。ある数を求めなさい。(8点)

_____

6 次の2つの数の最小公倍数と最大公約数を，それぞれ求めなさい。(各7点)

(1) 36 と 48

(2) 54 と 90

最小公倍数 _____ 最大公約数 _____   最小公倍数 _____ 最大公約数 _____

7 4 でわっても 6 でわっても 3 あまる整数のうち，100 にもっとも近い数を求めなさい。(10点)

5　割合

★ 割合は，数学でも使う機会がたくさんあります。何を基準量としているかとらえられるようにしましょう。

① 割合

(比較量)÷(基準量)＝(割　合)

(基準量)×(割　合)＝(比較量)

(比較量)÷(割　合)＝(基準量)

② 百分率と歩合

百分率は，基準量を 100 として，それに対する割合を % で表します。

歩合は，基準量を 10 割として，0.1 を 1 割，0.01 を 1 分，0.001 を 1 厘として表します。

割合を表す数	1	0.1	0.01	0.001
百分率	100 %	10 %	1 %	0.1 %
歩合	10 割	1 割	1 分	1 厘

---

1 割合を表す数，百分率，歩合が等しくなるように，次の表を完成させなさい。

(全部正解で 10 点)

割合を表す数	0.07	0.23				
百分率			37 %	47.2 %		
歩合					6 割 5 厘	7 割 3 分 8 厘

2 次の問いに答えなさい。(各 5 点)

(1) 40 人の 7 割は何人ですか。

(2) 120 g の 40 % は何 g ですか。

_____

_____

(3) 180 円は 600 円の何割ですか。

(4) 520 m は 800 m の何 % ですか。

_____

_____

(5) ある船に定員の 35 % にあたる 42 人が乗っています。この船の定員は何人ですか。

(6) 所持金の 3 割で 600 円の本を買いました。初めの所持金を求めなさい。

_____

_____

3 次の問いに答えなさい。（各7点）

(1) 定価5000円の服を3割引きで売ります。売価を求めなさい。

(2) 200g入りのおかしを，期間限定で25%増量して売ります。おかしは全部で何gになるか求めなさい。

(3) 定価1400円の商品をいくらか割引して1050円で売りました。定価の何%割引したか求めなさい。

(4) 原価800円の商品の定価が920円であるとします。利益の原価に対する割合を，歩合で求めなさい。

4 次の問いに答えなさい。（各10点）

(1) 200ページの本があります。1日目には全体の20%を読み，2日目には残りの30%にあたるページを読みました。まだ読んでいないページは何ページですか。

(2) ある商品に原価の2割の利益を見込んで定価をつけましたが，売れないため定価の1割引きで売ることにしました。売価が1620円であるとき，原価を求めなさい。

5 ともえさんは，ある商品を買ったときのことについて，次のように説明しています。

　　　特売日だったので，定価の30%引きで売っていたけれど，そこからさらに10%引きで買うことができたため，合わせて定価の40%引きになりました。

ともえさんの説明は正しくありません。なぜ正しくないか説明しなさい。（12点）

6 比の問題

① 比，比の値

2つの量の割合を2つの数で 5：7 のように表したものを **比** といいます。

また，比 5：7 に対して，$\dfrac{5}{7}$ を **比の値** といいます。

② 等しい比

比 $a：b$ の両方の数を同じ数でわったり，両方の数に 0 ではない同じ数をかけたりしてできる比は，$a：b$ に等しくなります。

例 　$15 \div 3 = 5$，$21 \div 3 = 7$　であるから　$15：21 = 5：7$

　　　$0.5 \times 10 = 5$，$0.7 \times 10 = 7$　であるから　$0.5：0.7 = 5：7$

---

1 次の比の値を求めなさい。(各2点)

(1)　4：9　　　　(2)　18：6　　　　(3)　21：49　　　　(4)　0.8：2　　　　(5)　$\dfrac{2}{7}：\dfrac{1}{3}$

2 次の比を簡単にしなさい。((1)～(4)各3点，(5)～(8)各4点)

(1)　18：42　　　　(2)　27：45　　　　(3)　120：96　　　　(4)　91：65

(5)　$\dfrac{3}{7}：2$　　　　(6)　$\dfrac{2}{3}：\dfrac{4}{5}$　　　　(7)　0.56：2.1　　　　(8)　$\dfrac{3}{4}：3.25$

3 次の式の □ にあてはまる数を求めなさい。(各4点)

(1)　$35：21 = \square：3$　　　　(2)　$16：28 = 24：\square$　　　　(3)　$\dfrac{3}{4}：\square = \dfrac{5}{6}：\dfrac{2}{9}$

7 速さの問題

① **速さ，道のり，時間の関係**

(速　さ)＝(道のり)÷(時　間)

(道のり)＝(速　さ)×(時　間)

(時　間)＝(道のり)÷(速　さ)

このような図を利用すると覚えやすい。

★速さ　道のり　時間の関係を正しくとらえられているか確認しましょう。

---

1 次の □ にあてはまる数を答えなさい。(各 5 点)

(1) 560 m を 7 分で進む人の速さは分速 □ m

(2) 1700 m を 5 秒間で進む音の速さは秒速 □ m

(3) 30 km を 45 分で進む車の速さは時速 □ km

(4) 時速 48 km で進む車が 3 時間に進む道のりは □ km

(5) 分速 0.8 km で進む列車が 2 時間で進む道のりは □ km

(6) 時速 18 km で走る人が 20 秒間に進む道のりは □ m

(7) 時速 50 km で進む車が 80 km 進むのにかかる時間は □ 分

(8) 秒速 4 m で走る人が 1 km 進むのにかかる時間は □ 秒

(9) 分速 800 m で進む列車が 20 km 進むのにかかる時間は □ 分

(10) 時速 288 km で飛行するヘリコプターが 800 m 進むのにかかる時間は □ 秒

★比や速さに関するいろいろな問題に取り組みましょう。問題文をよく読んで 正しい式がたてられるようにしましょう。

1 袋の中に，赤玉を 36 個，青玉を 28 個と白玉を何個か入れたところ，袋の中の玉は合計で 96 個になりました。袋の中の玉について，次の問いに答えなさい。(各 8 点)

(1) 白玉の個数を求めなさい。

(2) 白玉の個数と袋の中の全部の玉の個数の比を求めなさい。

――――――――――――――

――――――――――――――

2 ドレッシングを作るのに，酢とサラダ油を 3:5 で混ぜ合わせます。(各 8 点)

(1) サラダ油を 100 mL 使うとき，酢はどれだけ使いますか。

(2) サラダ油を 75 mL 使うとき，ドレッシングは全部でどれだけできますか。

――――――――――――――

――――――――――――――

3 兄と弟がもっているお金の金額の比は 3:2 で，2 人がもっているお金の合計は 4250 円です。兄がもっているお金はいくらですか。(9 点)

――――――――――――――

4 ある中学校の 1 年生の生徒数は全校生徒の 35 % です。1 年生の男子生徒と女子生徒の人数の比は 3:4 であり，1 年生の男子生徒は 60 人です。全校生徒は何人ですか。(9 点)

――――――――――――――

5 秒速 18 m で走る馬と，時速 60 km で進む車は，どちらが速いですか。(8点)

6 A地点とB地点は 24 km 離れています。PさんはA地点からB地点に向かって時速 40 km で進み，QさんはB地点からA地点に向かって時速 20 km で進みます。2人が同時に出発したとき，出発してからすれちがうまでに何分かかりますか。(8点)

7 1周 2 km の池の周りを，Aさんは分速 120 m，Bさんは分速 80 m で同じ方向に歩きます。2人が同じ地点から同時に出発したとき，出発してからはじめてAさんがBさんを追い抜くのは何分後か求めなさい。(8点)

8 長さ 100 m の列車が，時速 54 km で進んでいます。この列車がトンネルにさしかかってから，トンネルを完全に抜け出すまでに 18 秒かかりました。トンネルの長さを求めなさい。

(8点)

9 120 km 離れた2地点間を往復するのに，行きは時速 60 km，帰りは時速 40 km で進みました。このとき，行きと帰りの平均の速さは時速何 km ですか。(8点)

10 Kさんは家から駅まで，はじめは分速 75 m で歩いていましたが，駅までの道のりのちょうど半分の地点から分速 150 m で走りました。駅に着くまでにかかった時間が 15 分であるとき，家から駅までの道のりは何 m か求めなさい。(10点)

9 単位とその換算

学習日 月 日 　得点 ／50

★ 身のまわりのことについて考える場面では，単位も意識する必要があります。単位は，具体的なものをイメージするととらえやすくなります。

① いろいろな単位とそれらの関係

【長さ】 1 km＝1000 m,　1 m＝100 cm,　1 cm＝10 mm

【面積】 1 m²＝10000 cm²,　1 a＝100 m²,　1 ha＝100 a

　　　　注 1 m＝100 cm ですが，1 m²＝100 cm² ではありません。

【体積】 1 m³＝1000 L,　1 L＝10 dL＝1000 mL＝1000 cm³

【時間】 1 時間＝60 分,　1 分＝60 秒

【重さ】 1 t＝1000 kg,　1 kg ＝1000 g

1 次の □ にあてはまる数を答えなさい。(各 3 点)

(1) 3 km＝□ m

(2) 0.7 m＝□ cm

(3) □ cm＝34 mm

(4) 2.7 m²＝□ cm²

(5) □ a＝7052 m²

(6) 4.8 ha＝□ m²

(7) 1.72 m³＝□ L

(8) □ L＝850 mL

(9) 22.4 L＝□ cm³

(10) 3 時間 26 分＝□ 分

(11) □ t＝924 kg

(12) □ kg＝20070 g

2 次の問いに答えなさい。(各 7 点)

(1) 分速 82 m で 2 時間 15 分歩くときに進む道のりは何 km ですか。

(2) 1 分間に 5.4 L の割合で水そうに水を入れます。200 秒間に入る水は何 cm³ ですか。

16 ⑨ 単位とその換算

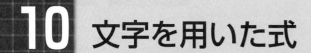

① **文字を用いた式**

いろいろな値をとる量を文字におきかえて，1つの式で表すことができます。

例　1本50円の鉛筆 x 本と1個70円の消しゴム1個の合計金額は $(50×x+70)$ 円

② **数量の関係を表す式**

ともなって変わる2つの数量の関係を，文字を使った式で表すことができます。

例　たての長さが2cm，横の長さが x cm の長方形の面積を y cm² とすると　$2×x=y$

例 のとき，x に3をあてはめると，$y=2×3=6$ となります。

このとき，あてはめた3を x の値，結果の6を x の値3に対する y の値 といいます。

---

1 次の数量を式で表しなさい。(各5点)

(1) 1日に15ページずつ本を読むとき x 日で読み進めるページ数

(2) 1個150円のりんごを x 個と1袋300円のみかんを1袋買ったときの代金

(3) 10m のひもから 1.5m のひもを x 本切ったときの残ったひもの長さ

(4) 底辺の長さが x cm，高さが4cm の三角形の面積

2 次のような x と y の関係を式で表しなさい。(各7点)

(1) 1辺の長さが x cm である正方形の周の長さは y cm です。

(2) 100g の容器に，1個60g のドーナツを x 個入れたときの全体の重さは y g です。

3 容量が 180mL の容器 x 個のすべてをいっぱいにするのに必要な水の量を y mL とするとき，次の問いに答えなさい。(各8点)

(1) x と y の関係を式で表しなさい。

(2) 2L の水を使っていっぱいにできる容器の数は最大でいくつですか。

★ x や y などの文字にはいろいろな役割があります。数学で学ぶ文字の式の学習に向けて，文字の使い方について確認しましょう。

① 比例

ともなって変わる 2 つの数量 x と y について，x の値が 2 倍，3 倍，…… になると，y の値もそれぞれ 2 倍，3 倍，…… になるとき，y は x に **比例する** といいます。

y が x に比例するとき，$y \div x$ はいつも同じ値になります。

② 反比例

ともなって変わる 2 つの数量 x と y について，x の値が 2 倍，3 倍，…… になると，y の値がそれぞれ $\frac{1}{2}$ 倍，$\frac{1}{3}$ 倍，…… になるとき，y は x に **反比例する** といいます。

y が x に反比例するとき，$x \times y$ はいつも同じ値になります。

③ 比例を表す式，反比例を表す式

y が x に比例するときには

$\qquad y =$ （きまった数）$\times x$

と表されます。

y が x に反比例するときには

$\qquad y =$ （きまった数）$\div x$

と表されます。

---

1 ともなって変わる 2 つの数量 x と y について，y が x に比例するとき，右の表を完成させなさい。(10 点)

x	1	2	3	4	5
y	3				

2 ともなって変わる 2 つの数量 x と y について，y が x に反比例するとき，右の表を完成させなさい。(10 点)

x	1	2	3	4	5
y				15	

3 次のような x と y の関係を，$y=\boxed{}$ の形の式で表しなさい。(各 6 点)

(1) 分速 75 m で進む人は，x 分間に y m 進みます。

(2) 1 m の重さが 30 g の針金 x m 分の重さは y g です。

(3) たてが x cm，横が y cm の長方形の面積は 12 cm² です。

(4) 時速 x km で y 時間に進む道のりは 60 km です。

4 同じ種類のビー玉がたくさんあります。このビー玉 8 個の重さは 28 g です。このビー玉 x 個の重さを y g とするとき，次の問いに答えなさい。(各 8 点)

(1) x と y の関係を式で表しなさい。　　(2) ビー玉 60 個の重さを求めなさい。

───────────────　　───────────────

5 1200 m の道のりを進みます。1 分間に進む道のりを x m，かかる時間を y 分とするとき，次の問いに答えなさい。(各 8 点)

(1) x と y の関係を式で表しなさい。

(2) 7 分 30 秒で 1200 m の道のりを進むためには，1 分間に何 m 進めばよいですか。

───────────────　　───────────────

6 底面がたて 12 cm，横 25 cm の長方形で，高さが 8 cm である直方体の形のからの水そうに，1 分間に 0.6 L の割合で，水そうがいっぱいになるまで水を入れます。水を入れ始めてから x 分後の水面の高さを y cm とするとき，次の問いに答えなさい。(各 8 点)

(1) 水そうがいっぱいになるのは，水を入れ始めてから何分後ですか。

(2) x と y の関係を式で表しなさい。

───────────────　　───────────────

(3) 水を入れ始めてから水そうがいっぱいになるまでについて，x と y の関係をグラフで表しなさい。

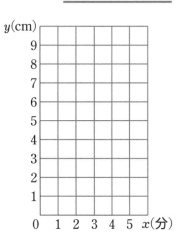

① **三角形の面積**

三角形の面積＝底辺×高さ÷2

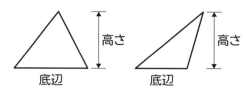

② **四角形の面積**

たて×横

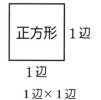

1辺×1辺

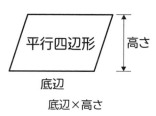

底辺×高さ

（上底＋下底）×高さ÷2

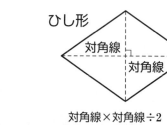

対角線×対角線÷2

1 次の三角形の面積を求めなさい。（各7点）

(1)

(2)

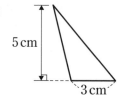

(3)

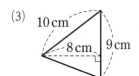

(4)

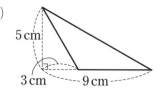

2 次の四角形の面積を求めなさい。記号＞がついている辺は平行です。(各7点)

(1)
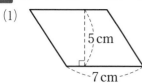
平行四辺形

(2)
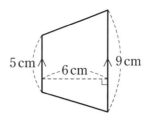

(3)
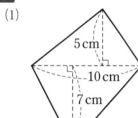

(4)
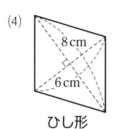
ひし形

3 次の図形の面積を求めなさい。記号＞がついている直線は平行です。(各10点)

(1)
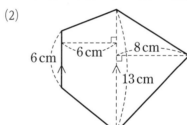

(2)

4 次の図形はどのような図形であるか，ことばで説明しなさい。(各8点)

例　正三角形　3つの辺の長さがすべて等しい三角形

(1)　二等辺三角形

(2)　台形

(3)　ひし形

13 円

★ 数学では　円についてくわしく学ぶとともに　円の特徴を使っていろいろな問題を解決します。算数で学んだ円の内容を確認しましょう。

① 円に関する用語

直径は半径の 2 倍です。
また，直径は円の内部を通る直線のうち，もっとも長いものです。

② 円周率

どのような大きさの円も，円周÷直径 は同じ数になります。

この数を 円周率 といいます。円周率は 3.14159…… ですが，ふつう 3.14 を使います。

注 中学では，円周率を π(バイ)というギリシャ文字で表すことが多くなります。

③ 円周の長さと円の面積

円周の長さと円の面積は，次のようになります。

(円周の長さ)＝(直径)×3.14

(円の面積)＝(半径)×(半径)×3.14

■ このページから先の問題では，円周率を 3.14 としなさい。

1 次のような円について，円周の長さと面積をそれぞれ求めなさい。

(1) 半径が 4 cm の円 (各 4 点)

(2) 直径が 10 cm の円 (各 4 点)

円周の長さ　　　　　　面積

円周の長さ　　　　　　面積

2 次の問いに答えなさい。(各 5 点)

(1) 円周の長さが 50.24 cm である円の面積を求めなさい。

(2) 円周の長さが 15.7 cm である円の面積を求めなさい。

3 次の図形の周囲の長さを求めなさい。(各7点)

(1) 円を半分にした図形

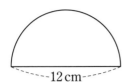
—12 cm—

(2) 円を $\frac{1}{4}$ にした図形

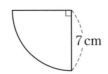
7 cm

————————   ————————

4 次の図形の影をつけた部分の面積を求めなさい。(各10点)

(1)

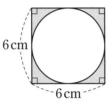
6 cm
6 cm

(2)

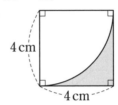
4 cm
4 cm

————————   ————————

(3)

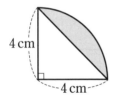
4 cm
4 cm

(4)

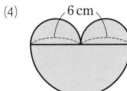
6 cm

————————   ————————

(5)

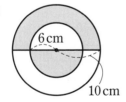
6 cm
10 cm

(6)

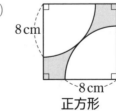
8 cm
8 cm
正方形

————————   ————————

★
数学では、対称な図形の特徴を利用する場面があります。算数で学んだ対称な図形の内容を確認しましょう。

① 線対称と点対称

1つの直線を折り目として折ったとき，その直線の両側の部分がぴったりと重なる図形は 線対称 であるといいます。

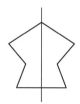 

1つの点を中心として180°回転させたとき，もとの図形とぴったりと重なる図形は 点対称 であるといいます。

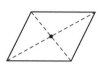

② 線対称な図形の性質

対応する2つの点を結ぶ直線は，対称の軸と垂直に交わります。
また，その交わる点から，対応する2つの点までの長さは等しくなります。

等しい

③ 点対称な図形の性質

対応する2つの点を結ぶ直線は，対称の中心を通ります。
対称の中心から，対応する2つの点までの長さは等しくなります。

等しい
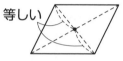
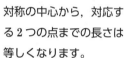

---

1 (1)は線対称な図形であり，(2)は点対称な図形です。(1)には対称の軸，(2)には対称の中心をかきなさい。(各8点)

(1)
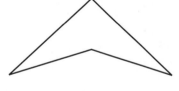

(2)
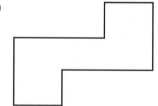

2 直線 AB が対称の軸となるように，線対称な図形を完成させなさい。(各10点)

(1)
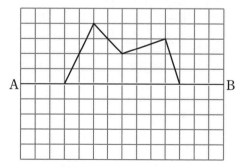

(2)
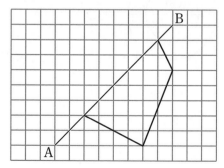

3 点Oが対称の中心となるように，点対称な図形を完成させなさい。(各10点)

(1)
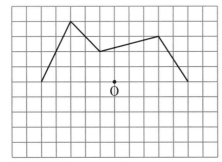

(2)
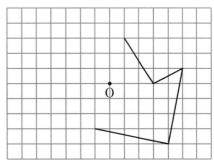

4 右の図形について，次の問いに答えなさい。(各12点)

(1) 四角形 CDEF が，直線 AB を対称の軸とする線対称な四角形になるように点Fをとり，四角形 CDEF を完成させなさい。

(2) 図の方眼の1めもりを1cm とします。
四角形 CDEF の面積を求めなさい。

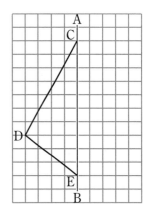

5 正方形，正五角形，正六角形のそれぞれについて，

　　線対称な図形であるか
　　点対称な図形であるか
　　対称の軸は何本あるか

を考えて，右の表を完成させなさい。

(全部正解で20点)

(例として正三角形の場合を表に示してあります。)

	線対称	点対称	対称の軸
正三角形	○	×	3
正方形			
正五角形			
正六角形			

正三角形

正方形

正五角形

正六角形

★図形について考えるとき 形と大きさに注目することは大事です。形が同じで大きさの異なる図形について確認しましょう。

① 拡大と縮小

ある図形を，その形は変えずに大きくすることを 拡大する といい，小さくすることを 縮小する といいます。

[1] 　拡大 → ← 縮小　[2] 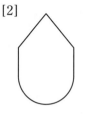　拡大 → ← 縮小　[3]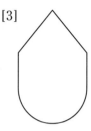

② 拡大図と縮図

拡大した図形を 拡大図，縮小した図形を 縮図 といいます。

上の図で，[3] は [1] や [2] の拡大図です。また，[1] は [2] や [3] の縮図です。

③ 形が同じ図形の性質

形が同じ2つの図形について，次のことが成り立ちます。

(1) 対応する直線の長さの比はすべて等しい。　　(2) 対応する角の大きさはそれぞれ等しい。

---

1 左の図を2倍に拡大した図を右にかきなさい。ただし，右側の方眼の大きさは，たても横も左側の方眼の大きさの2倍になっています。(8点)

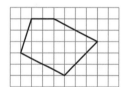 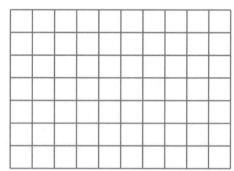

2 左の図を $\frac{1}{2}$ に縮小した図を右にかきなさい。ただし，右側の方眼と左側の方眼の大きさは同じです。(10点)

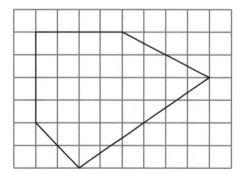 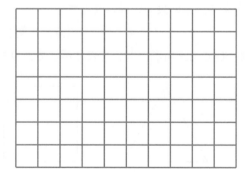

3 右の図の三角形 ABC について，頂点Bを中心にして2倍の拡大図をかきなさい。

また，頂点Cを中心にして $\frac{1}{2}$ の縮図をかきなさい。

（ものさしを使ってよい）（各10点）

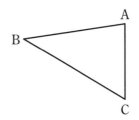

4 右下の図は，三角形 ABC と，頂点Bを中心にして三角形 ABC を2倍に拡大した三角形 DBE です。次のものを求めなさい。（各8点）

(1) 辺 BE の長さ

_____

(2) 辺 DE の長さ

_____

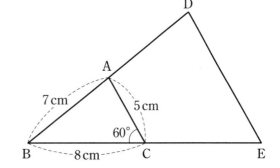

(3) DA の長さ

_____

(4) 角Eの大きさ

_____

5 右の図のような直角三角形 ABC があります。次の問いに答えなさい。（各15点）

(1) 直角三角形 ABC と同じ形の三角形があり，その3つの辺の長さの合計は 36 cm です。この三角形のもっとも長い辺の長さを求めなさい。

_____

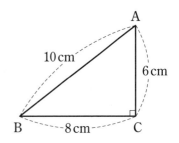

(2) 直角三角形 ABC と同じ形の三角形があり，その面積は 6 cm² になります。この三角形のもっとも長い辺の長さを求めなさい。

★立体を平面上に表すための方法として見取図を学びました。見取図から正しく情報を読みとれるようにしておきましょう。

① 角柱と円柱

右の図の ①，②，③ のような立体を 角柱，④ のような立体を 円柱 といいます。

角柱や円柱の上下の面を 底面，横の面を 側面 といいます。

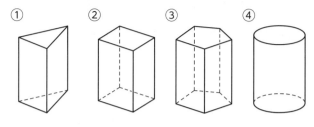

② 角柱と円柱の体積

角柱や円柱の 1 つの底面の面積を 底面積 といいます。

角柱や円柱の体積は （底面積）×（高さ） で求められます。

---

1 次の立体の見取図をかきなさい。（各 6 点）

(1) 立方体

(2) 六角柱

2 三角柱，四角柱，五角柱，六角柱について，頂点の数，面の数（側面の数と底面の数の合計），辺の数を調べて，次の表を完成させなさい。（全部正解で 15 点）

	三角柱	四角柱	五角柱	六角柱
頂点の数				
面の数				
辺の数				

3 下のような見取図で表される円柱の展開図は，右の図のようになります。空らんになっている部分の長さを求めなさい。（全部正解で 10 点）

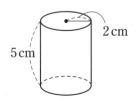

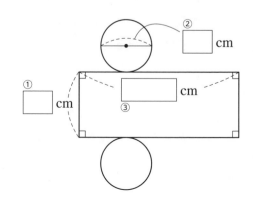

4 次の立体の体積を求めなさい。（各8点）

(1)
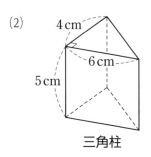
直方体

(2)
三角柱

(3)
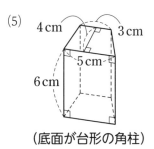
円柱

(4)
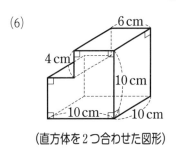
（底面は半円）

(5)
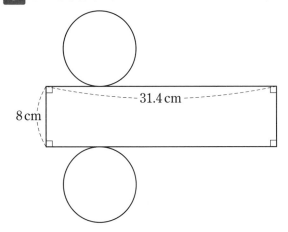
（底面が台形の角柱）

(6)
（直方体を2つ合わせた図形）

5 次の展開図を組み立ててできる立体の体積を求めなさい。（15点）

★数学では　データをもとにいろいろなことを判断していきます。データの特徴をよく表す値について確認しましょう。

① 平均値

データの平均のことを 平均値 といい，次のようにして求められます。

(平均値)＝(データの値の合計)÷(データの個数)

例 5人の所持金を示した右のデータ (単位は円) について，平均値は

$(130＋150＋170＋200＋250)÷5＝180$ (円)

② ドットプロット

右の図のように，ひとつひとつのデータを点にして，数直線上に積み上げたグラフを ドットプロット といいます。

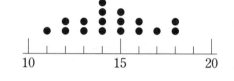

③ 最頻値 (モード)

データの中で最も個数の多い値を 最頻値 (モード) といいます。

④ 中央値 (メジアン)

データを大きさの順に並べたとき，中央にある値を 中央値 (メジアン) といいます。

データの個数が偶数個のときは，中央にある2つの値の平均値を中央値とします。

⑤ 代表値

平均値や最頻値，中央値のような，データの特徴をよく表す値を 代表値 といいます。

---

1 次のデータの平均値，最頻値，中央値を求めなさい。

(1)

2	3	3	3	5
6	6	8	9	

(単位は m) (各5点)

平均値　　　　　最頻値　　　　　中央値

(2)

19	21	36	13	26
36	14	20	16	25

(単位は g) (各5点)

平均値　　　　　最頻値　　　　　中央値

2 5人が持っている本の冊数を調べました。5人が持っている本の冊数の平均値は 42 冊で、5人のうちの 4 人が持っている本の冊数は、それぞれ 41 冊、45 冊、52 冊、33 冊です。もう 1 人が持っている本の冊数を求めなさい。(13 点)

3 右のデータはあるクラスでおこなった 10 点満点の算数のテストの結果です。(単位は点)
この結果について、次の問題に答えなさい。

| 6 | 10 | 8 | 7 | 4 | 9 | 8 | 5 | 7 | 8 |
| 8 | 5 | 7 | 9 | 6 | 10 | 5 | 7 | 9 | 8 |

(1) テストの結果をドットプロットに表しなさい。(10 点)

(2) 平均値、最頻値、中央値をそれぞれ求めなさい。(各 9 点)

平均値	最頻値	中央値

4 次の文が正しいか、正しくないか答えなさい。(各 10 点)
(1) あるクラスの生徒が 1 か月に読んだ本の冊数の最頻値が 4 冊であるとき、そのクラスの中では、1 か月に 4 冊の本を読んだ生徒の数が最も多い。

(2) あるクラスにおけるテストの結果の中央値が 65 点であるとき、65 点より高い点数を取った人の人数と、65 点より低い点数を取った人の人数は必ず同じである。

18 データの活用 (2)

★ データの特徴をつかみやすくするには 表やグラフが欠かせません。表・グラフのつくり方や読み方を確認しましょう。

① 度数分布表

データの値の範囲をいくつかの階級に分け，各階級にその階級の度数を対応させて整理した表を 度数分布表 といいます。

度数分布表において，区切られた各区間を 階級，各区間の幅を 階級の幅，各階級に入っているデータの個数を 度数 といいます。

② ヒストグラム（柱状グラフ）

度数分布表をグラフに表したものを ヒストグラム，または 柱状グラフ といいます。

| 7.5 | 6.9 | 9.3 | 8.8 | 9.6 | 8.1 | 10.2 | 8.1 |
| 9.5 | 9.0 | 8.8 | 10.3 | 9.5 | 8.4 | 7.7 | 8.3 |

例　右のデータは，あるクラスの女子16人の 50 m 走の記録です。（単位は秒）
このデータを整理すると，右の度数分布表やヒストグラム（柱状グラフ）ができます。

時間（秒）	人数（人）
6 以上 7 未満	1
7 ～ 8	2
8 ～ 9	6
9 ～ 10	5
10 ～ 11	2
計	16

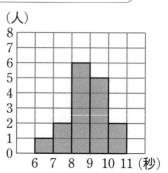

---

1 右のデータは，あるクラスの女子のソフトボール投げの記録をまとめたものです。
（単位は m）（各10点）

| 15 | 11 | 21 | 7 | 17 | 12 | 22 | 15 | 26 | 18 |
| 28 | 13 | 17 | 11 | 16 | 19 | 9 | 23 | 14 | 20 |

(1) 次の度数分布表を完成させなさい。

きょり（m）	人数（人）
5 以上 10 未満	☐
10 ～ 15	☐
15 ～ 20	☐
20 ～ 25	☐
25 ～ 30	☐
計	20

(2) 最も人数が多いのは何 m 以上何 m 未満の階級か答えなさい。

_____

(3) 投げたきょりが 20 m 以上の人は何人いるか答えなさい。

_____

(4) 投げたきょりが短い方から 10 番目の人は，何 m 以上何 m 未満の階級に入っているか答えなさい。

_____

2 右のヒストグラムは，あるクラスで1学期の間に読んだ本の冊数を調べた結果をまとめたものです。(各10点)

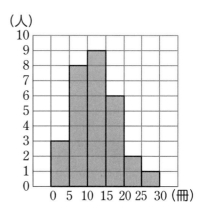

(1) このクラス全体の人数を求めなさい。

_____

(2) 読んだ本の冊数が10冊未満の人は何人いるか答えなさい。

_____

(3) 次のうち，上のヒストグラムだけではわからないものをすべて答えなさい。

　(ｱ) 最も度数の多い階級　　　　　(ｲ) 読んだ本の冊数が15冊の人の人数

　(ｳ) 最も多く本を読んだ人が読んだ本の冊数

_____

3 ある学校の6年生20人について，家庭学習の時間を調べたところ，右のようになりました。(単位は分)(各10点)

60	30	45	75	90	40	75	60	80	70
20	80	70	30	75	90	40	50	60	45

(1) 次の度数分布表を完成させなさい。

学習時間 (分)	人数 (人)
0 以上 20 未満	
20 〜 40	
40 〜 60	
60 〜 80	
80 〜 100	
計	20

(2) ヒストグラムをかきなさい。

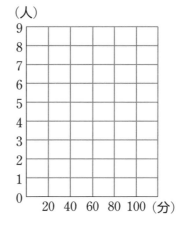

(3) 最も人数の多い階級に入っている人数の全体に対する割合は何%か求めなさい。

<table>
<tr><td>学習日</td><td>得点</td></tr>
<tr><td>月　日</td><td>／100</td></tr>
</table>

★数学では　物事のおこりやすさについて考えます。落ちや重なりがないように場合の数を調べる方法を確認しましょう。

① 並べ方

並べ方を調べるときは，図や表にしてまとめることで，落ちや重なりがないように調べることができます。

例　あかりさん，いぶきさん，うみさんの3人で
リレーのチームを作るとき，3人の走る順番は
全部で　6通り

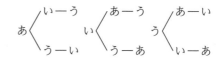

注　右のような図を 樹形図 といいます。

② 組み合わせ方

組み合わせ方を調べるときも，並べ方を調べるときと同じように図や表にしてまとめることで，落ちや重なりがないように調べることができます。

---

1 次の問いに答えなさい。(各8点)

(1) 動物園で，キリン，ゾウ，ライオン，カバの4種類の動物を1度ずつ見て回るとき，回る順番は全部で何通りありますか。

(2) Aさん，Bさん，Cさん，Dさんの4人の中から班長と副班長を決めます。決め方は全部で何通りありますか。

---

2 次の問いに答えなさい。(各9点)

(1) 十円硬貨を続けて3回投げるとき，表や裏の出る出方は全部で何通りありますか。

(2) 赤，黄，緑のボールが箱に1つずつ入っています。この箱からボールを1つ取り出して，箱の中に戻すことを3回くり返すとき，ボールの出方は全部で何通りありますか。

3 次のような組み合わせは全部で何通りあるか答えなさい。(各9点)

(1) A，B，C，D の 4 チームが野球の試合をどのチームとも 1 回ずつするときの試合の組み合わせ。

(2) 赤，青，黄，緑，黒の 5 色のボールのうち，3 つを選ぶ組み合わせ。

---

4 赤，青，黄，緑，紫，茶の 6 種類のペンから，何種類かを選んでセットを作ります。このとき，次のような組み合わせは全部で何通りあるか答えなさい。(各9点)

(1) 2 種類を選んでセットをつくるときの組み合わせ。

(2) 5 種類を選んでセットをつくるときの組み合わせ。

---

5 あるレストランのランチセットは，3 種類のメインメニュー，3 種類のサイドメニュー，2 種類のスープからそれぞれ 1 種類ずつ選ぶことができます。セットは全部で何通りできますか。

(10 点)

---

6 右の図の 4 つの部分をとなり合う部分が異なる色となるようにぬり分けるとき，次の問いに答えなさい。(各10点)

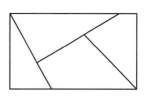

(1) 4 種類の色を 1 度ずつ使ってぬる方法は何通りありますか。

---

(2) 3 種類の色を使ってぬる方法は何通りありますか。ただし，3 種類の色は少なくとも 1 回ずつ使います。

36 ページから 39 ページの内容は，中学の数学で学ぶ内容の簡単な予習です。
中学に入ってからくわしく学習します。

みなさんが小学校で学んだ「数」には，どのような種類があったでしょうか。

小学校では整数，小数，分数という種類の数を学びましたが，それらの数のうち 0 でないものは
すべて「0 より大きい」という共通の性質をもっています。

ところで，気温について次のようなことばを聞いたことがないでしょうか。

今日の札幌の最低気温は，マイナス 2 度です。

この「マイナス」とは何を意味することばでしょうか。

● 負の数 ●

「マイナス」とは，0 より小さい数を表すのに使うことばです。

たとえば，「マイナス 2」とは，0 より 2 小さい数のことで，－2 と書きます。

0 より小さい数のことを **負の数** といいます。一方，みなさんが小学校で学んだ数のうち，0 で
ないものはすべて 0 より大きい数です。0 より大きい数を，負の数に対して **正の数** といいます。
なお，0 は正の数でも負の数でもありません。

正の数と負の数はそれぞれ，「＋」，「－」という記号を使って表します。

例　0 より 5 大きい数は，＋5 と表します。これを「プラス 5」と読みます。

　　　0 より 3 小さい数は，－3 と表します。これを「マイナス 3」と読みます。

【問1】 上の**例**にならって，次の数を「＋」，「－」の記号を使って表しなさい。

(1)　0 より 7 大きい数　　　(2)　0 より 4 小さい数　　　(3)　0 より $\frac{2}{3}$ 小さい数

これまで，数といえば，正の数か 0 でしたが，中学では負の数をふくめて考えます。たとえば，
整数には，負の整数，0，正の整数があります。

正の整数のことを **自然数** といいます。

負の数もふくめると，整数は次のように分類されます。

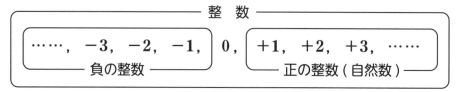

整　数

……，　－3，　－2，　－1，　0，　＋1，　＋2，　＋3，　……

負の整数　　　　　　　　　　　　　　　正の整数（自然数）

● 数直線 ●

数を図で表すときには数直線を使います。

たとえば，右の図の点Aは 4 を表しています。

4 が正の数であることを強調して，「点Aは +4 を表して

いる」ということもあります。

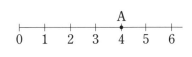

数の世界に負の数が加わったことにより，負の数，0，正の数を数直線で表すためのくふうが必要となります。中学では，<u>数直線を0より左側に延長して</u>，0 より右側が正の数，0 より左側が負の数を表すようにします。また，0 を表す点を **原点** といい，数直線の右の方向を **正の方向**，左の方向を **負の方向** といいます。

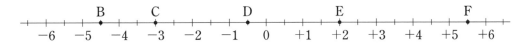

例 上の数直線で，点Cは −3 を表しています。また，点Eは +2 を表しています。

【問 2】 上の数直線で，点 B, D, F が表す数を答えなさい。

点B＿＿＿＿＿＿＿＿＿   点D＿＿＿＿＿＿＿＿＿   点F＿＿＿＿＿＿＿＿＿

【問 3】 数直線に，次の数を表す点をかき入れなさい。

(1) +3   (2) −2   (3) −3.5   (4) $-\dfrac{11}{2}$

● 絶対値 ●

数直線において，原点から，ある数を表す点までの距離を，その数の **絶対値** といいます。

例 −2 の絶対値は 2 です。
+3.5 の絶対値は 3.5 です。

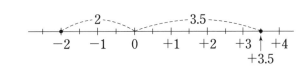

【問 4】 次の数の絶対値を答えなさい。

(1) −1   (2) +2.7   (3) $-\dfrac{4}{5}$ (4) −4.03

● 正の数どうしのたし算 ●

正の数をたす計算は，小学校で学びました。たとえば，2+3 のような計算です。

2+3 の計算は，正の数を表す「＋」の記号を使って

$$(+2)+(+3)$$

と書くことができます。

この計算を，数直線を使って考えると

① 原点から，正の方向に 2 進む。

② その地点から，正の方向に 3 進む。

となります。

結果として，原点から正の方向に
5 進んでいますから，

$$(+2)+(+3)=+5$$

となることがわかります。

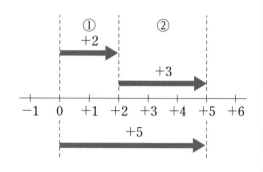

● 負の数どうしのたし算 ●

負の数どうしのたし算も，同じように考えることができます。

たとえば

$$(-3)+(-2)$$

という計算を，数直線を使って考えると

① 原点から，負の方向に 3 進む。

② その地点から，負の方向に 2 進む。

となります。

結果として，原点から負の方向に
5 進んでいますから，

$$(-3)+(-2)=-5$$

となることがわかります。

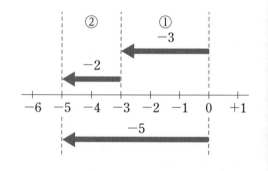

【問5】次の計算をしなさい。

(1) $(+3)+(+1)$

(2) $(-1)+(-4)$

(3) $(-2)+(-2)$

(4) $(-5)+(-9)$

● 正の数と負の数のたし算 ●

38ページでは，正の数どうし，負の数どうしのたし算を，数直線を使って考えました。

では，$(+6)+(-2)$ のように正の数と負の数のたし算は，どのように考えればよいでしょうか。

【問6】 $(+6)+(-2)$ の計算を，38ページの図を参考にして，下の数直線上に矢印を使って表してみましょう。

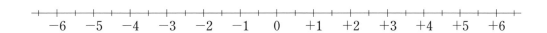

正の数と負の数のたし算は，次のように考えます。

たとえば

$$(+4)+(-5)$$

という計算を，数直線を使って考えると

① 原点から，正の方向に4進む。

② その地点から，負の方向に5進む。

となります。

結果として，原点から負の方向に
1進んでいますから，

$$(+4)+(-5)=-1$$

となることがわかります。

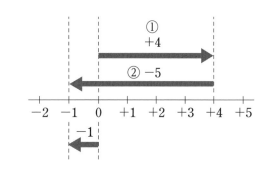

【問7】 次の計算をしなさい。

(1) $(+5)+(-3)$

(2) $(+3)+(-7)$

(3) $(-6)+(+5)$

(4) $(-8)+(+11)$

右の二次元コードか下記URLから，今回学んだ内容を復習できる動画にアクセスできます。

https://cds.chart.co.jp/books/7bec7rc5xv/

【編集協力者】

広島女学院中学高等学校　　　　　　久保　光章

名古屋大学教育学部附属中・高等学校　渡辺　武志

ISBN978-4-410-15969-5

新課程
中学数学への準備演習

編　者　数研出版編集部
発行者　星野　泰也

発行所　数研出版株式会社

〒101-0052　東京都千代田区神田小川町2丁目3番地3
　　　　　〔振替〕00140-4-118431
〒604-0861　京都市中京区烏丸通竹屋町上る大倉町205番地
〔電話〕代表（075）231-0161

ホームページ　https://www.chart.co.jp
印刷　創栄図書印刷株式会社